www.ingramcontent.com/pod-product-compliance
Lightning Source LLC
Chambersburg PA
CBHW030713220526
45463CB00005B/2025
9781707798124